DE LA

LARYNGITE SYPHILITIQUE

SECONDAIRE

Avec une Planche coloriée

PAR

Le Docteur GOUGUENHEIM

Médecin de l'hôpital de Lourcine

PARIS

G. MASSON, ÉDITEUR

LIBRAIRE DE L'ACADÉMIE DE MÉDECINE

120, Boulevard Saint-Germain, en face de l'École de Médecine

—

MDCCCLXXXI

DE LA
LARYNGITE SYPHILITIQUE
SECONDAIRE

Avec une Planche coloriée

PAR

Le Docteur GOUGUENHEIM

Médecin de l'hôpital de Lourcine

PARIS
G. MASSON, ÉDITEUR
LIBRAIRE DE L'ACADÉMIE DE MÉDECINE

120, Boulevard Saint-Germain, en face de l'École de Médecine

MDCCCLXXXI

DE LA

LARYNGITE SYPHILITIQUE

SECONDAIRE

I

INTRODUCTION

Aussitôt que je pris possession du service que j'ai l'honneur de diriger à l'hôpital de Lourcine, je résolus d'étudier sur une vaste échelle les lésions secondaires provoquées dans le larynx par la syphilis. Je pris le parti d'examiner toutes les syphilitiques, qu'elles fussent enrouées ou non, et je procédai deux fois par semaine à cet examen. Je fus frappé tout d'abord de la fréquence de ces lésions et de l'importance de quelques-unes, même chez des femmes qui n'avaient aucun trouble vocal; aussi je recommandai avec instance, dès ce moment, de ne jamais négliger ce mode d'exploration chez les malades syphilitiques, de manière à combattre ces manifestations dès leur apparition, et j'ai toujours eu lieu de me féliciter de cette thérapeutique précoce, car le traitement intérieur seul est insuffisant, et ces lésions, dont on n'arrête pas assez tôt la marche, peuvent subsister avec une opiniâtreté désespérante, et parfois être suivies de dégénérescences irrémédiables.

Six mois après le début de ces recherches, j'engageai un de mes élèves, M. Bouchereau, à choisir ce sujet pour sa thèse inaugurale. Ce travail, fait d'après mes conférences, était appuyé déjà sur un nombre imposant d'observations.

Chez 135 syphilitiques, le larynx était intéressé environ 59 fois. Je continuai ces recherches, et pendant le premier semestre de 1880, sur 140 malades syphilitiques, le larynx était intéressé 50 fois. A peu de choses près, ces deux séries ont donné un résultat presque identique, quant à la proportion. Mais l'observation de ces derniers faits et de quelques autres de la pratique civile, m'a décidé à reprendre le travail du docteur Bouchereau, pour atténuer les exagérations d'une observation anticipée, modifier quelques descriptions et ajouter celles de types que je n'avais pas eu l'occasion de voir au début de mes recherches.

Les planches qui terminaient la thèse de M. Bouchereau avaient été faites d'après nature par un de mes élèves, M. Baudouin, externe des hôpitaux; ces figures ont subi aussi une modification plus conforme à la réalité.

Je suis heureux, en rendant hommage au talent de M. Baudouin, de lui adresser mes remerciements les plus affectueux.

II

HISTORIQUE

L'historique de la question a été étudié très minutieusement dans la thèse de M. Bouchereau. Suivant mon conseil, il a laissé entièrement de côté l'histoire de la syphilis laryngée avant l'examen laryngoscopique. Quelle que soit l'autorité des hommes qui ont fait ces descriptions, la laryngoscopie, qui fait désormais la base de toute étude de pathologie laryngée, a enlevé à ces descriptions surannées presque tout intérêt scientifique. Aussi négligerai-je volontiers toute cette période, et cela d'autant mieux que l'anatomie pathologique, le seul renseignement important que le passé pourrait nous donner, n'existe pas dans le sujet que nous traitons.

Il y a vingt ans seulement que cette étude a été commencée. C'est de l'Allemagne que partirent les premières descriptions. Czermak, le premier, a décrit des plaques muqueuses du larynx. Plus tard, de 1863 à 1866, Turck décrivit un catarrhe syphilitique du larynx, ne différant guère en apparence des autres catarrhes de cet organe ; il signale aussi l'existence de plaques muqueuses. Gerardt et Roth, dans les *Archives de Wirchow*, en 1861, décrivent un catarrhe aigu, de l'érythème, des gonflements circonscrits, enfin des plaques muqueuses qu'ils ont rencontrées 8 fois sur 54 cas de laryngite syphilitique secondaire. Elles coïncidaient toujours avec des légions analogues du pharynx ou des parties génitales, et les auteurs les trouvaient analogues d'aspect avec ces dernières.

Un élève de M. Cusco, Dance, décrivit en 1864 une roséole du larynx, à laquelle il trouva une analogie avec celle de la peau ; le même auteur a décrit aussi des éruptions papuleuses et tuberculeuses.

M. Ferras admet deux formes de laryngite syphilitique secondaire ; il admet les laryngites ulcéreuses et non ulcéreuses. Pour M. Ferras, la plaque muqueuse est excessivement rare dans le larynx.

Morell-Mackensie admet l'existence des plaques muqueuses du larynx, mais, dit-il, elles sont fort rares.

M. le professeur Fournier décrit longuement la laryngite syphilitique secondaire. Il admet une forme érythémateuse généralisée, avec ou sans hyperplasie, un érythème partiel qu'on a désigné à tort, dit-il, sous le nom de roséole ; enfin des érosions et des papules. Il constate la rareté des troubles vocaux, en raison de la rareté des lésions laryngées.

E. et J. Bœckel (Dictionnaire de Jaccoud, 1875) admettent une connexité et une coïncidence rigoureuse entre les accidents laryngés de la période secondaire et ceux de la peau et des muqueuses.

Krishaber et Mauriac admettent un catarrhe partiel, siégeant de préférence aux cordes vocales, avec ou sans gonflement. Le gonflement, s'il a duré quelque temps, peut engendrer une hypertrophie permanente des tissus. Ces auteurs admettent l'existence de la plaque muqueuse, qui surgirait le plus souvent sur les cordes vocales inférieures.

Isambert n'admet pas l'existence de la plaque muqueuse du larynx, il prétend que les ulcérations directes sous ce

nom ne sont pour la plupart que des ulcérations tuberculeuses.

Lennox-Browne fait de la laryngite syphilitique secondaire
un accident très tardif; elle évoluerait seulement six mois à
deux ans après le chancre. Il décrit aussi au même moment des condylomes remarquables par la rapidité avec
laquelle ils disparaissent sous l'influence du traitement
spécifique. Il admet aussi des troubles vocaux caractéristiques et des troubles respiratoires. Il décrit ensuite une
rougeur diffuse mais plus accentuée sur les cordes vocales,
ayant en quelque sorte un aspect tigré. Lennox-Browne admet les plaques muqueuses, dont le siège principal est à
l'épiglotte et à l'espace aryténoïdien.

Mac Neill-Whistler décrit une hyperémie simple généralisée ou partielle avec ou sans gonflement et plaques
muqueuses, enfin des lésions profondes, et qu'il appelle
intermédiaires. Les recherches de cet auteur, très récentes
et très complètes, sont appuyées sur une statistique importante (88 cas). Il décrit minutieusement la forme catarrhale,
mais reconnaît que ses caractères, à défaut de syphilides
cutanées ou muqueuses concomitantes, sont insuffisants
pour reconnaître la nature syphilitique.

L'auteur admet la roséole du larynx, mais il ne l'a pas vue
coïncider avec la roséole cutanée.

Les plaques muqueuses sont admises par Mac Neill-
Whistler, et comme elles accompagneraient souvent le catarrhe, elles favoriseraient le diagnostic. L'auteur les a observées 28 fois. Leur siège le plus fréquent serait l'épiglotte,
puis les cordes vocales inférieures, ensuite le bord postérieur; enfin les cordes vocales supérieures et les replis ary-
épiglottiques. De tous ces accidents, le catarrhe simple est
celui qui guérit le plus rapidement. La description des plaques muqueuses est faite très minutieusement, l'auteur les
étudie sur l'épiglotte, dont le bord libre est le plus fréquemment atteint; il les étudie aussi sur les replis glosso-épiglottique et ary-épiglottiques, sur la face postérieure de
l'organe, enfin sur les cordes vocales inférieures, où elles
ressembleraient à de petits corps opalescents légèrement
proéminents situés sur le bord libre. Elles pourraient quel-

quefois se montrer sous la forme de lignes allongées légèrement saillantes ou sous celle d'érosions circulaires, ou de
taches grisâtres avec une rougeur au centre. Toujours, dit
l'auteur, ces plaques auraient, dès le début, un aspect pa-
puleux qui permettrait de les distinguer des ulcérations catarrhales.

Massei et Masucci, de Naples, admettent l'existence des
plaques muqueuses ; Massei les place surtout à l'épiglotte.

Labus, de Milan, les a trouvées très fréquemment, mais il
prétend qu'elles sont difficiles à voir avec une lumière arti-
ficielle.

Libermann a noté le catarrhe laryngien 21 fois sur
100 cas de syphilis secondaire et 19 fois la présence de plaques muqueuses, dont le siège le plus fréquent serait, dit-il,
sur les cordes vocales inférieures. Libermann admet aussi la
roséole du larynx, qu'il aurait observée 4 fois et vue coïncider avec la roséole cutanée.

Jullien, d'après les descriptions de Fauvel et Poyet, admet un érythème partiel ou généralisé, des éraillures des
cordes, des papules, des plaques muqueuses et des érosions,
qu'il place surtout sur les cordes et aussi à l'épiglotte, des
végétations et une forme hyperplasique partielle ou généralisée.

III

STATISTIQUE, LOCALISATION ET CLASSIFICATION DES LÉSIONS
DE LA LARYNGITE SYPHILITIQUE SECONDAIRE

Pendant les six premiers mois de mes recherches, j'exa-
minai 135 syphilitiques, et je constatai l'existence de 59 cas
de laryngite spécifique, d'après lesquels a été faite la thèse
de M. Bouchereau. Ces malades, âgées de dix-huit à vingt-
quatre ans, étaient à la période secondaire de la maladie,
quelques-unes étaient d'un âge plus avancé. Dans 44 cas,

nous avons assisté au début et à l'évolution de la laryngite, et presque toujours elle s'est développée dans les six premiers mois qui ont suivi l'accident primitif; 10 fois seulement son apparition fut plus tardive; la forme érythémateuse a précédé quelquefois l'apparition des plaques muqueuses.

Nous avions observé soit des laryngites généralisées avec ou sans gonflement, soit des laryngites partielles, les plaques muqueuses se montrant à la fois dans l'une et dans l'autre circonstance.

Sur 59 cas, nous avons constaté 24 fois l'existence de laryngites généralisées avec hyperplasie partielle; ainsi l'épiglotte était tuméfiée dans six cas, puis par ordre de fréquence la région aryténoïdienne, les cordes vocales inférieures, enfin fort rarement les cordes vocales supérieures et les replis aryténo-épiglottiques.

Mais plus fréquemment le larynx n'était intéressé que dans un ou plusieurs endroits; nous avons observé environ 35 cas de ce genre; ainsi l'épiglotte a été certainement la région la plus fréquemment atteinte, et quelquefois cette lésion était localisée à ce segment. Puis venaient par ordre de fréquence la région aryténoïdienne et les cordes vocales inférieures. J'ai déjà dit que ces altérations partielles pouvaient se combiner. Ainsi l'épiglotte et la région aryténoïdienne pouvaient être intéressées simultanément, de même la région aryténoïdienne et les cordes vocales inférieures.

Les plaques muqueuses pouvaient être greffées soit sur des laryngites généralisées, soit sur des laryngites partielles, et dans les premiers mois de nos premières recherches, consignées dans la thèse de M. Bouchereau, nous les avons rencontrées très souvent dans les 59 cas; ainsi l'épiglotte en fut 23 fois le siège, les cordes vocales inférieures 6 fois, le repli glosso-épiglottique 1 fois seulement, et 1 fois aussi la région aryténoïdienne en fut le siège.

Ces plaques ne présentaient pas toujours, loin de là, l'aspect qui caractérise des lésions de ce genre; en les décrivant plus tard, nous essaierons de dire pourquoi.

En même temps que les accidents laryngés, nous avons noté dans la plupart de nos observations des plaques de la bouche, du pharynx, de la vulve, de l'anus, beaucoup plus rarement des syphilides cutanées seules.

J'ai continué ces recherches six mois après le travail de mon élève, et j'ai examiné pendant ce temps 140 syphilitiques et je constatai une proportion un peu moins grande qué dans la série précédente; 50 malades seulement avaient une laryngite spécifique.

Comme précédemment, je fis cette statistique avec la plus grande sévérité; la première fois j'éliminai 12 à 13 cas douteux; cette fois j'en écartai 15; en effet, chez ces malades, l'observation avait été trop succincte, pas assez répétée, la guérison trop rapide ou bien nos malades avaient quitté l'hôpital trop brusquement, sans que j'aie pu suivre leur état.

De ces 50 cas, 4 se montrèrent quand l'accident primitif n'était pas encore guéri et avant l'apparition d'autres syphilides;

3 pendant la durée du chancre, mais en même temps que les plaques muqueuses d'autres régions ou de la roséole;

12 en même temps que des plaques buccales et vulvo-anales;

4 en même temps que les accidents précédents et des syphilides cutanées;

20 en même temps que des plaques vulvo-anales seulement;

5 en même temps que des syphilides cutanées seulement.

Les lésions laryngées pouvaient succéder aux plaques bucco-pharyngées et linguales, mais elles pouvaient auss se montrer sans cet accompagnement, ce que nous ont démontré 26 cas de notre statistique précédente.

Toutes nos malades étaient jeunes, elles avaient presque toutes de dix-huit à vingt-cinq ans; l'âge n'influait en rien sur la gravité des lésions; du reste, quelques-unes, bien plus âgées, n'ont eu, bien que leur syphilis fut intense et les manifestations cutanées très accentuées, aucune altération de l'organe vocal.

Voici, au point de vue du siège des lésions, comment se décomposaient les cas que j'ai observés dans les six premiers mois de 1880.

Laryngites généralisées à des degrés très différents, sans hyperplasie ou avec hyperplasie d'une ou plusieurs parties de l'organe, 22 fois sur 50.

Laryngites partielles, avec ou sans hyperplasie, 28 fois sur 50.

L'épiglotte a été intéressée *seule* 15 fois, mais je l'ai trouvée malade 37 fois d'une manière plus ou moins forte.

Les cordes vocales inférieures ont été intéressées *seules* 13 fois.

Je n'ai jamais, dans ces 50 cas, rencontré un gonflement isolé de la *région aryténoïdienne;* toujours cette lésion a coïncidé avec une laryngite généralisée, mais parfois elle a été la lésion prédominante; aussi 7 fois cette région a été intéressée au plus haut degré.

Quant aux plaques muqueuses, je les ai rencontrées surtout sur l'épiglotte au moins 14 fois.

Un examen plus approfondi que celui que j'avais fait dans ma première série, m'a démontré qu'elles étaient plus rares ou plus difficiles à apprécier sur les cordes vocales. Dans quelques cas seulement j'ai pu constater leur existence, sans contestation. Dans la description que je ferai ultérieurement, je m'efforcerai d'expliquer les raisons des divergences des auteurs à ce propos.

A la région aryténoïdienne, contrairement aux descriptions d'autres auteurs, je n'ai jamais rencontré de plaques bien authentiques.

IV

SYMPTOMATOLOGIE

Bien que j'aie adopté précédemment la division des laryngites en généralisées et partielles, je ne suivrai pas ce plan dans ma description clinique, car il m'exposerait dans le cours de cet exposé à des répétitions sans intérêt. Aussi passerai-je plutôt en revue les différents segments de l'organe, d'autant plus que même dans les laryngites généralisées, il y a dans l'aspect de certains de ces segments des

indices qui peuvent permettre de soupçonner la nature de
la maladie, quand, par exemple, le pharynx et la bouche
sont indemnes de toute lésion. Préalablement à cette des=
cription, je dirai que dans les laryngites généralisées on
observe une rougeur plus ou moins intense de toutes les
parties de l'organe, coïncidant le plus souvent avec un as=
pect analogue au voile du palais, rougeur accompagnée
souvent d'hyperplasie limitée à une partie très restreinte du
larynx, d'érosions et d'ulcérations, siégeant en certains en=
droits, qui sont même des lieux de prédilection.

ÉPIGLOTTE

L'épiglotte est ordinairement le premier siège de l'affec=
tion et quelquefois même le seul. Cet opercule dont la coloration à l'état normal est d'un rose pâle, strié d'arborisations
vasculaires et dont l'épaisseur est très minime présente
des changements très notables.

La face antérieure, qui présente surtout l'aspect que je
viens de décrire devient le siège d'une rougeur très vive et
uniformément répandue. Les arborisations vasculaires disparaissent entièrement sous cette couche d'un rouge intense.
En même temps on constate assez souvent un gonflement
notable. Cette boursouflure, que nous avons observée bien
des fois est appréciable surtout au bord libre, qui dans cer=
tains cas peut atteindre une épaisseur de deux à trois milli=
mètres et au delà.

Avec le temps, la rougeur très vive au début, devient
plus sombre et parfois même l'épiglotte est presque viola=
cée, couleur lie de vin.

Cette hyperémie que je viens de décrire, peut être la
seule lésion du larynx, mais elle s'accompagne aussi fré=
quemment de modifications dans les autres parties de l'or=
gane.

L'épiglottite syphilitique n'envahit pas toujours l'opercule tout entier; quelquefois une portion seule est inté=
ressée. Ce sont des cas légers, latents même, car les ma=
lades n'accusent aucun signe fonctionnel, et dans ces cas le
bord libre jusqu'à une distance de quelques millimètres sur

la face antérieure et sur la face postérieure est seul affecté.
En même temps que de la rougeur, on observe un épaississement plus ou moins considérable, et à la surface de cette
rougeur peut exister une ulcération plus ou moins étendue.
L'épiglottite peut même n'envahir qu'une des deux faces, et
c'est le plus souvent alors la face antérieure ; nous avons
même constaté une fois l'existence d'une ulcération peu
saillante et entourée d'un cercle très rouge. Cette ulcération
était située à un ou deux millimètres du bord libre. Des
ulcérations de même aspect se sont aussi montrées sur le
repli-glosso-épiglottique empiétant sur la face antérieure de
l'organe. Dans ce cas elles ont coïncidé avec l'apparition de
plaques muqueuses de la base de la langue : la dysphagie
était alors très prononcée.

Habituellement la rougeur et la tuméfaction de l'épiglotte
servaient de substratum à des ulcérations auxquelles nous
avons déjà fait allusion précédemment. Le bord libre de
l'organe était le siège de prédilection de ces lésions et on
peut dire qu'elles imprimaient à la laryngite un cachet à
peu près pathognomonique.

Voici comment se formaient ces ulcérations ; au début,
l'épithélium semblait tombé et la muqueuse avait en quelque
sorte un aspect dépouillé, le bord libre de l'épiglotte avait
une apparence légèrement granuleuse et il était entrecoupé
par de petites fissures, sortes de rhagades, empiétant à la
fois sur la face antérieure et la face postérieure. Bientôt
des exsudations d'un blanc jaunâtre, au début, puis d'un gris
sale se produisaient sur ces surfaces dépouillées de leurs
cellules de revêtement. Quand l'amélioration se produisait,
ces exsudations diminuaient, l'aspect rouge granuleux réap-
paraissait, enfin, peu à peu le gonflement et l'hyperémie
disparaissaient et nous pouvions suivre en quelque sorte la
marche de la lésion à son début, à son acmé et à sa terminaison.

Parfois les ulcérations que je viens de décrire se mon-
traient sans tuméfaction sous-jacente appréciable, elles
avaient alors un aspect linéaire.

Les ulcérations que je viens de décrire n'ont pas été les
seules observées ; quelquefois elles étaient plus limitées,

reposant sur des surfaces papuleuses très restreintes. Ces papules pouvaient exister soit sur un seul bord, soit sur les deux bords de l'organe. Dans le premier cas, elles imprimaient au côté où elles siégeaient une déformation très notable ; dans le deuxième cas, les bords de l'épiglotte semblaient s'accoler à leur face postérieure. Les ulcérations que je viens de décrire avaient l'aspect de plaques muqueuses vulgaires, facilement reconnaissables ; mais elles étaient beaucoup plus rares que la variété d'ulcérations que j'ai décrites plus haut. C'est peut-être la raison qui avait fait admettre la rareté des plaques muqueuses du larynx. Assurément si sous ce nom on ne veut comprendre que des plaques circulaires, caractéristiques, cette variété est rare dans le larynx, mais si on veut bien se reporter à ma description, on verra que les ulcérations irrégulières et étendues de l'épiglotte reposaient presque toujours sur un fond plus ou moins hyperplasié ; donc au point de vue anatomique, même lésion. Partout du reste où siègent les plaques muqueuses, des allures semblables se manifestent, et la réunion de plusieurs plaques modifie profondément leur aspect, et est cause de l'irrégularité de la forme ; le côté morphologique est donc tout à fait secondaire pour affirmer l'existence de cette lésion et il est permis de conclure que toute érosion surmontant une surface plus ou moins tuméfiée n'est autre chose qu'une plaque ou la réunion d'un certain nombre de plaques érodées et exulcérées, fait analogue à ce que l'on observe sur toute autre muqueuse.

Je n'abandonnerai pas la description de l'épiglottite syphilitique sans décrire une variété de plaque muqueuse dont l'aspect est fort trompeur, surtout quand les malades ne portent aucune trace de syphilis primitive ou secondaire. J'ai vu trois fois des cas de ce genre ; chez deux de nos malades, une femme de mon service et un homme de ma clientèle, j'observais une ulcération située sur un des bords de l'épiglotte, ulcération très excavée, contrairement aux descriptions précédentes, à bords presque taillés à pic, et entourée d'un bourrelet rouge assez élevé. Je fus très surpris de la présence d'une lésion en apparence assez avancée et à une période si prématurée de la syphilis et, sur

le moment, je crus à une syphilide tertiaire précoce. J'or-
donnai un traitement mixte et je pratiquai une cautérisation avec une solution concentrée de nitrate d'argent au
1/20 environ sur la partie ulcérée, je renouvelai cette cautérisation une ou deux fois et je ne tardai pas à voir dispa-
raître l'ulcération; à la place, il ne subsista plus autre chose
qu'une surface très rouge, presque plane, et une hyperplasie
qui ne disparut qu'au bout d'un certain temps. La préten-
due syphilide tertiaire n'était autre chose qu'une plaque
muqueuse à bords très élevés qui communiquaient à l'ulcération un aspect excavé très trompeur.

Chez un autre malade de la ville, homme de cinquante
ans, j'observai encore la même lésion, mais cette fois il
n'existait aucune plaque muqueuse de la bouche et point
de syphilide cutanée. Le médecin qui vit le malade et me
l'adressa, crut, à raison de la chronicité de la laryngite et
de la pâleur ainsi que de l'amaigrissement du malade, à
une tuberculose laryngée, et après examen, je partageai
cette erreur. A un examen ultérieur, je constatai l'apparition de plaques muqueuses du pharynx, je me souvins
des cas précédents, et malgré les dénégations du malade,
je prescrivis un traitement spécifique, cautérisai vigoureu-
sement l'ulcération, je donnai en même temps des toniques,
la guérison fut prompte et l'état général redevint excellent.
Ces faits m'en rappelèrent un autre qui se présenta à mon
observation, au moment où j'étais chargé, comme médecin
du bureau central, du service de l'Hôtel-Dieu annexe. Chez
tous les phthisiques de mon service, j'effectuai l'examen
laryngoscopique et je pratiquai une cautérisation au nitrate
d'argent sur les épiglottites tuberculeuses. Le résultat ne
fut pas heureux, sauf dans un seul cas où la guérison fut
assez rapide. Je suis convaincu actuellement que ce cas uni-
que n'était autre qu'une épiglottite syphilitique.

Les épiglottites avec hyperplasie laissent quelquefois
après elles des épaississements à peu près permanents, ou
tout au moins diminuant avec une lenteur extrême. En suivant les malades, pendant un temps assez long et à des
espaces éloignés, j'ai eu l'occasion de constater ces sortes
de dégénérescences fibroïdes, cirrhotiques. Quelquefois j'ai

pu observer une atténuation, mais d'autres fois j'ai vu persister indéfiniment cet état. Non seulement alors l'épiglotte est très épaisse, mais elle présente une coloration blanchâtre, et elle semble à peu près exsangue.

J'ai donné à cette description de l'épiglottite un long développement ; à la fin de ce travail, sur une planche coloriée, seront reproduites les diverses variétés que je viens de décrire.

REPLIS ARY-ÉPIGLOTIQUES ET RÉGION
ARYTÉNOIDIENNE

Arrivons maintenant aux autres parties du larynx : j'ai rarement observé l'intumescence des replis aryténo-épiglottiques, je n'en ai vu qu'un exemple authentique relaté dans la thèse de M. Bouchereau. Cette tuméfaction, modérée du reste, ne donna lieu à aucun accident grave. Mais en retour j'ai constaté assez fréquemment non seulement la rougeur intense du bord postérieur du larynx et de la région aryténoïdienne, mais un gonflement notable de cette région, tel que les saillies des cartilages étaient effacées ainsi que la dépression normale interaryténoïdienne. L'aspect était absolument identique à celui que l'on observe si communément dans la tuberculose laryngée. Mais en retour, si j'ai maintes fois constaté l'intumescence de la région je n'ai constaté qu'une seule fois, au niveau des éminences aryténoïdiennes, l'existence d'une ulcération, et pourtant des auteurs très compétents prétendent que cette région est un siège assez fréquent des plaques muqueuses.

CORDES VOCALES SUPÉRIEURES

Quelquefois les cordes vocales supérieures peuvent non seulement être très hyperémiées, mais même être le siège d'une certaine tuméfaction pouvant masquer les cordes vocales inférieures ; le cas ne laissa pas que de m'embarrasser au début, car la malade n'avait pas de plaques muqueuses bucco-pharyngiennes et comme elle prétendait être enrouée depuis un certain temps, je crus un moment à la possibilité d'une tuberculose, d'autant plus que j'ai vu assez fréquemment, chez des tuberculeux, là tuméfaction de ces cordes accompagner ou non le gonflement de la région aryténoïdienne, mais l'apparition au bout de peu de temps de syphilides pharyngo-laryngiennes indiscutables eut bientôt dissipé mes incertitudes. C'est le seul cas de tuméfaction isolée des cordes vocales supérieures que j'ai vu dans la syphilis secondaire. Il est rapporté dans la thèse de M. Bouchereau.

CORDES VOCALES INFÉRIEURES

Nous abordons maintenant l'étude importante des chordites inférieures. Les cordes vocales inférieures ont été souvent intéressées, et il n'a pas été rare de trouver réunies de l'épiglottite, de l'aryténoïdite et de la chordite.

Ces lésions se présentaient sous différents aspects : quelquefois la rougeur envahissait les cordes, sans les déformer, et elles prenaient un aspect rougeâtre ou simplement rose. Mais habituellement l'inflammation s'accentuait davantage. Les cordes vocales perdaient alors leur aspect rubané. Elles devenaient cylindriques et leur surface était mouchetée de points très rouges attenant avec d'autres plus pâles et même grisâtres.

J'ai vu très rarement des points franchement blancs, circulaires, légèrement proéminents, pouvant à la rigueur être considérés comme des plaques muqueuses ; les points alors avaient la dimension d'une grosse tête d'épingle. J'ai vu deux fois cette disposition.

Sauf dans ces deux derniers cas, peut-on dire que les petits points blanc-grisâtres de cette surface mouchetée des cordes vocales, étaient formés par de très petites ulcérations ; je ne pense pas que rien n'autorise à émettre cette hypothèse, d'autant plus que nous avons eu l'occasion d'observer comme point de comparaison des ulcérations absolument incontestées des cordes vocales ; mais ces occasions ont été fort rares, et si dans mes premières conférences, qui ont été reproduites dans la thèse de M. Bouchereau, j'inclinai volontiers vers la première opinion, depuis je suis réservé et je partagerai volontiers l'opinion des auteurs qui ont admis la rareté des véritables plaques muqueuses des cordes vocales. Aussi dans la statistique des plaques muqueuses laryngiennes, de ma seconde série, mes chiffres ont été sensiblement moins élevés que dans la première période, et je crois bien volontiers que les plaques muqueuses décrites sous le nom de plaques punctiformes manquent du critérium nécessaire, l'observation de papules sous-jacentes et d'ulcérations réelles.

Les cordes vocales ne sont pas seulement cylindriques et marbrées de rouge, de rose et de gris, quelquefois elles subissent une notable déformation, elles sont irrégulières, bosselées, leur surface est toujours marbrée comme précédemment. Mais dans ces cas, l'acollement ne peut se faire ; on peut constater un interstice permanent soit en avant, soit en arrière et la phonation alors ne peut s'accomplir.

Y a-t-il lieu dans ces cas de supposer qu'en raison de cet aspect irrégulier on se trouve en présence de petites plaques conglomérées? Mais à la surface on n'observe pas ces érosions si habituelles à la surface des plaques des muqueuses, aussi je me crois encore tenu dans ces cas à une réserve aussi grande que précédemment.

D'autres fois les cordes présentent un autre aspect. Elles sont manifestement renflées vers la partie médiane, elles présentent en quelque sorte l'aspect d'un fuseau et en même temps des *ulcérations* se développent sur le point renflé, et empiètent sur la corde vocale dans une étendue variable ; ce sont là de véritables papules des cordes vocales. A l'insertion antérieure, comme à l'insertion postérieure existe un espace ; aussi les cordes ne peuvent-elles s'accoler qu'au milieu. Dans ces cas la voix est bien plus sérieusement intéressée. J'ai observé quelques cas de ce genre, mais en bien petit nombre. Ce sont, on peut le dire, *les seuls cas de plaques muqueuses des cordes, bien authentiques.* Elles siègent sur les deux cordes vocales, d'une manière symétrique, quelquefois l'une de ces plaques est plus considérable, c'est la première et elle a donné naissance ensuite à celle de l'autre corde. J'ai fait reproduire sur la planche quelques chordites avec les différentes dispositions que je viens de décrire.

LARYNGITE HYPERPLASIQUE GÉNÉRALISÉE

Il existe une variété de laryngite syphilitique généralisée que je n'ai eu que rarement l'occasion d'observer. Ordinairement un segment du larynx peut s'hypertrophier, quelquefois deux ou trois, mais dans le cas auquel je fais allusion, l'hyperplasie générale ne ressemblait à rien moins qu'à certaines variétés de laryngite tuberculeuse intéressant tout l'organe.

L'épiglotte était énorme, ainsi que l'espace aryténoïdien et les replis aryténo-épiglottiques; on apercevait dans l'ombre deux cordes vocales très épaisses; le conduit laryngien était évidemment rétréci.

Je reproduis le cas sur la planche.

Cette variété de laryngite hyperplasique généralisée peut être considérée comme intermédiaire entre la laryngite secondaire et la tertiaire, et ce qui me fait admettre cette supposition, c'est l'observation d'un cas absolument analogue que je possède actuellement dans mon service, cas coïncidant avec une syphilide cutanée tertiaire. Par sa généralisation à tout l'organe, la laryngite a bien dans ces circonstances l'allure de la laryngite secondaire, mais par l'épaississement énorme des tissus, elle présente déjà le caractère d'une lésion plus avancée. J'avais rencontré déjà dans mon service un cas à peu près analogue, qui est relaté dans la thèse de M. Bouchereau. Mais ce cas s'est présenté dans le cours de la syphilis secondaire.

V

TROUBLES VOCAUX

Dans mes premières recherches, j'avais été frappé du grand nombre de cas dans lesquels la phonation n'était pas troublée ou l'était d'une manière insignifiante. C'est en raison de la rareté des altérations de la voix dans le cours de la syphilis secondaire, qu'on avait considéré la laryngite comme rare pendant cette période. Cela tenait à ce qu'on ne soumettait à l'examen que des syphilitiques enroués; quand je résolus de pratiquer l'examen laryngoscopique chez toutes nos malades, je fus surpris de la fréquence des lésions, mais comme ces altérations siégeaient fréquemment à l'épiglotte, je m'expliquais aisément le motif de la rareté des troubles vocaux.

La voix n'est ordinairement intéressée que lorsque les cordes vocales sont malades ou ne peuvent se mouvoir, et il résulte de nos statistiques que les cordes vocales ne sont pas toujours intéressées, loin de là.

Toutefois, le nombre de malades enrouées ou aphones a été plus considérable dans ma deuxième série que dans ma première; cela tient, je pense, à ce que je n'avais tenu compte, au début de mes recherches, que des troubles manifestes, évidents de la phonation, et que j'avais négligé les cas où ces troubles étaient beaucoup moins accentués ou à peine accusés.

Voici le résultat de la deuxième série :

35 fois sur 50 cas la voix était altérée, et sur ce nombre 17 fois la laryngite était généralisée; 15 fois les cordes vocales étaient seules intéressées, mais parfois la chordite coïncidait avec une épiglottite ou une aryténoïdite; 3 fois l'épiglottite a été seule observée, les cordes vocales étaient normales ou à peu près normales.

15 fois la voix n'était pas troublée, et sur ce nombre 4 fois la laryngite était généralisée; 1 fois une corde vocale seule était altérée.

9 fois on n'observa que de l'épiglottite; 1 fois une aryténoïdite isolée.

Chez quelques autres malades, l'aphonie n'était pas provoquée par des lésions laryngées; 2 fois l'hystérie avait causé des troubles vocaux; une de nos malades avait même simulé l'aphonie.

VI

TROUBLES DE LA DÉGLUTITION

Malgré la fréquence de l'épiglottite, la déglutition ne nous a jamais paru troublée par ce fait seul, et chaque fois que nous avons constaté de la dysphagie, c'était la suite de lésions de l'isthme du gosier ; la dysphagie était même plus pénible quand la base de la langue était le siège d'ulcérations.

VII

TROUBLES RESPIRATOIRES

Je n'ai jamais constaté de troubles respiratoires, fait qui avait déjà été noté par M. Krishaber. Parfois nos malades ont eu un peu de toux, mais nous n'avons jamais observé de dyspnée.

VIII

MARCHE ET DURÉE DE L'AFFECTION

Dans un certain nombre de cas, j'ai pu suivre l'affection dans toute sa durée. Parfois la marche était rapide, tellement rapide que je n'ai jamais hésité à considérer ces cas comme douteux, et je les ai écartés de mes statistiques.

Dans ma première série (Thèse Bouchereau), nous avons trouvé, pour les laryngites généralisées, une durée moyenne de un mois. Quelquefois le temps fut bien plus long, cela tenait probablement à la profondeur des lésions. Dans cette série , nous avons constaté que les plaques muqueuses avaient une durée variable, mais en général plus longue que les laryngites sans ulcération. Ainsi les plaques muqueuses de l'épiglottite duraient de un à deux mois; mais rarement le terme aurait dépassé deux mois.

Dans ma deuxième série , je possède 29 cas dont j'ai pu suivre la marche et constater la durée. En général, j'ai pu constater une durée bien moindre des cas de cette série, je pense que le traitement externe a dû influer sur cette différence, car pendant le deuxième trimestre de mes examens, je pratiquai des pansements plus fréquents et avec une solution caustique assez concentrée. Je puis affirmer que ces pansements étaient très efficaces, car parmi les malades que j'ai observées, certaines voyaient leur état rester stationnaire depuis quelque temps, tandis que l'amélioration ne tardait pas à se montrer à la suite de ces pansements.

Voici ma statistique :

12 *cas* de laryngite généralisée ont duré de 15 jours à

3 mois, cette différence était due à une profondeur variable
des lésions, et à un épaississement plus ou moins considérable des tissus.

6 *cas* d'épiglottite isolée ont duré de 15 jours à 6 semaines. On pourra être surpris de ce que dans cette statistique je produise peu d'épiglottites, quand j'ai conclu plus
haut que la région la plus fréquemment intéressée était
l'épiglotte ; mais je rappellerai l'absence de troubles fonc-
tionnels dans ces cas, et quelques-unes de nos malades
ne se sentant nullement incommodées par les troubles vocaux et se trouvant suffisamment guéries, ont quitté l'hôpital
avant la guérison de l'épiglottite.

Nous avons, au contraire, pu suivre un nombre considérable de chordites.

10 *cas* de chordite, à peu près isolés, ont été observés jusqu'au bout, et je pourrais dire même que les cas de laryngite généralisée, dont la durée fut la plus longue, ont dû
cette particularité à l'existence d'une chordite intense et
opiniâtre.

Les 10 cas de chordite ont duré de 3 semaines à 2 mois et
demi ; 2 cas seulement ont eu la durée minima. Les autres
se sont prolongés bien au-delà, et même deux de nos malades sont parties améliorées notablement, mais non totale-
ment guéries.

1 *cas* d'aryténoïdite a duré de 6 à 7 semaines.

Nous avons eu l'occasion d'observer la guérison rapide
d'une laryngite opiniâtre sous l'influence d'une stomatite
mercurielle très sérieuse. Le fait a été relaté dans la thèse
de M. Bouchereau. Mais plus tard j'observai un fait inverse ;
au moment de cet accident, la laryngite s'accentua de la
façon la plus notable.

IX

DIAGNOSTIC

Le diagnostic de la laryngite syphilitique secondaire est
la plus ordinairement très facile, en raison de sa coïncidence
presque constante avec les accidents cutanés et muqueux
de la même période. Dans le cas où ces derniers symptômes

font défaut, ce diagnostic peut être fort délicat, de plus les syphilitiques peuvent contracter une laryngite catarrhale, ils peuvent même être atteints d'une laryngite chronique tuberculeuse ou autre. Enfin, dans de rares circonstances, la laryngite syphilitique secondaire pourrait être confondue avec une manifestation plus tardive de la maladie.

LARYNGITE CATARRHALE AIGUE

La laryngite secondaire peut ressembler à une laryngite catarrhale aiguë dans les cas où la rougeur est générale=lisée ; mais dans la laryngite catarrhale, cette rougeur est moins sombre, striée de raies ou taches plus fon=cées, presque hémorrhagiques ; le gonflement est moins fré=quent, les ulcérations ou plutôt les érosions qui l'accompa=gnent ne sont pas situées au siège de prédilection de la syphilis, l'épiglotte ; siègent-elles sur les cordes vocales ? elles sont plates et ne reposent pas sur un fond tuméfié ou sur une papule. La toux, la douleur laryngée, rares chez les syphilitiques, sont habituelles dans la laryngite catarrhale.

La marche de cette dernière est toujours plus rapide.

LARYNGITES CHRONIQUES

1° *Laryngites catarrhales chroniques.* — Habituellement elle est facile à distinguer de la syphititique secondaire ; la rou=geur est moins sombre, l'épaississement est moindre, l'épi=glotte est moins souvent intéressée que chez les syphiliti=ques ; on observe moins souvent des ulcérations dans le larynx de ces malades, ou du moins elles ne siègent pas au lieu d'élection des ulcérations syphilitiques ; enfin, l'examen du pharynx, des parties génitales et de la surface cutanée trancheront facilement la question en cas d'indécision.

2° *Laryngite tuberculeuse.* — Il semble que dans ce cas la confusion devrait être impossible, et pourtant l'on ob=serve des cas où l'erreur est excusable. La syphilis secon=daire provoque aisément la tuméfaction du larynx ; l'épi=glotte, l'espace aryténoïdien, prennent assez fréquemment un volume égal à celui des épiglottites et aryténoïdites tuberculeuses.

Il est vrai que chez les tuberculeux la coloration des tissus est moins foncée, quelquefois même les parties tuméfiées sont anémiées, et dans tous les cas, les tissus respectés par le tubercule sont en général fort pâles ; ces malades ont une toux opiniâtre, de la douleur laryngée, leur expectoration est abondante, les hémoptysies sont fréquentes, enfin l'état général est plus ou moins mauvais. Aucun de ces signes n'existe à la période syphilitique secondaire, mais il est possible d'observer, rarement, il est vrai, des malades anémiés et dont les différentes pièces du larynx présentent une tuméfaction notable. Si ces sujets présentent en même temps des accidents secondaires des muqueuses et de la peau, rien de plus facile alors que de reconnaître la nature de la maladie. Mais la coïncidence peut ne pas exister, et alors le doute peut être permis.

Certaines plaques épiglottiques peuvent, par leur aspect profondément excavé, simuler des ulcérations tuberculeuses, et si l'on n'observait en même temps des accidents analogues sur le pharynx et dans la bouche, on pourrait être fort embarrassé. Ces plaques excavées sont amendées de la façon la plus rapide sous l'influence de pansements caustiques, le nitrate d'argent, par exemple.

Les faits que je viens de citer sont rares, il est vrai, mais pour ma part j'en ai observé 3 ou 4.

Je ne pense pas qu'il soit utile d'aborder le diagnostic avec les laryngites chroniques, arthritiques, herpétiques ou alcooliques. L'étude laryngoscopique de ces laryngites est, du reste, fort obscure.

3º *Laryngite syphilitique tertiaire.* — Les déformations et mutilations que fait subir à l'organe cette variété de laryngite n'existent pas dans la laryngite syphilitique secondaire. Mais lorsqu'à une époque avancée de la syphilis secondaire, le larynx se tuméfie dans sa totalité, il est permis de se demander si l'on n'est pas en présence d'une variété intermédiaire, et de là à une forme tertiaire, la différence est bien peu saisissable; ces formes sont tributaires du traitement mixte.

J'ai parlé, au moment du diagnostic de la tuberculose, d'une épiglottite syphilitique avec co-existence d'une plaque muqueuse très excavée au centre; j'ai montré combien, en l'absence d'accidents concomitants, le diagnostic était ardu; au cas, au contraire, où ces accidents existent, on pourrait se demander si l'on n'est pas en présence d'une laryngite tertiaire précoce. La première fois que je vis un cas semblable, j'eus cette pensée, mais la rapidité avec laquelle cette surface excavée s'aplanit sous l'influence de cautérisations, dissipa bientôt mes doutes.

HYSTÉRIE

Certaines syphilitiques ont de l'aphonie hystérique facile à reconnaître. L'examen laryngoscopique montre l'intégrité de l'organe et la cause de ces troubles vocaux, dépendant du spasme ou de la paralysie glottique.

DISPOSITION TROMPEUSE DE L'ÉPIGLOTTE

Certains sujets ont le bord de l'épiglotte enroulé et il résulte de là quelquefois un pseudo-épaississement et même des pseudo-ulcérations. Un peu d'attention à l'examen laryngoscopique permettra d'éviter cette erreur.

X

PRONOSTIC

Le plus ordinairement la laryngite syphilitique secondaire guérit assez vite quand on emploie concurremment le traitement externe avec le traitement interne; la statistique que j'ai produite plus haut au moment du chapitre « *marche et durée de la maladie* » me paraît mettre le fait hors de toute contestation. Seulement les accidents récidivent assez facilement, soit que les malades discontinuent leur traitement, ou que leur hygiène soit défectueuse. Il est vrai de dire que ces récidives ont un danger, elles attaquent les

tissus plus profondément et peuvent amener un changement
définitif et irrémédiable dans leur structure, c'est probablement la cause qui a influé sur le jugement pronostique que
quelques auteurs ont porté sur la laryngite syphilitique
secondaire. Ce pronostic sera naturellement influencé par le
degré d'épaississement qui accompagnera les lésions. Si
l'épiglotte seule est intéressée, les troubles vocaux pourront
ne jamais se produire et dans ces cas, le pronostic pourra
toujours être assez bénin ; mais si l'organe est envahi inté-
rieurement et surtout si les cordes vocales sont très tuméfiées, le pronostic sera réservé et dans tous les cas fort sérieux, en raison de dégénérescences fibreuses irrémédiables
qui pourraient se produire. De toute façon, la résolution de
l'affection sera très longue.

XI

TRAITEMENT

Le traitement est à la fois interne et local.

Le traitement interne ne diffère en aucune façon de celui
qui est administré à tout syphilitique, à la période secondaire. Je prescris ou le bichlorure de mercure, à la dose
de 1 cent. à 5 cent. soit en pilules, soit en solution, ou le
protoiodure à la dose de 2 centigr. 1/2 à 8 centigr. et
quelquefois au delà suivant la gravité et la ténacité des
cas.

Chez l'enfant, je diminue la dose de moitié. Si la médica-
tion interne est intolérée, j'y supplée par les frictions mercurielles.

Quand je suis en présence de laryngites généralisées
hyperplastiques, intermédiaires en quelque sorte à la laryngite secondaire et à la tertiaire, je prescris volontiers les
frictions mercurielles deux fois par jour, à la dose de 4 à
5 grammes de pommade chaque fois, ou bien j'emploie le
traitement mixte, sirop de Gibert, à la dose de 1 à 3
cuillerées à soupe par jour. Quelquefois même j'associe les
frictions à ce traitement ou j'alterne les deux moyens.

Quel que soit le résultat acquis, il faudra suspendre le
traitement interne, au cas où la stomatite mercurielle se

montrerait; j'ai vu un cas qui s'est rapidement amendé sous son influence, mais, par contre, j'ai observé l'effet inverse dans un autre cas, la laryngite s'est aussitôt exaspérée.

TRAITEMENT LOCAL

Je ne crains pas d'affirmer qu'il me paraît indispensable, surtout en présence d'ulcérations et de papules.

Si l'épiglotte est seule atteinte, on pourra se servir du crayon, ou bien d'une solution concentrée au 1/10° par exemple.

J'ai renoncé toutefois, à ma clinique, à me servir du crayon, car opérant sur un certain nombre de malades, il y a danger à voir tomber le nitrate sous l'influence de ces pansements successifs; du reste il y a autant d'avantage à remplacer le crayon par une éponge, excessivement petite, de 2 ou 3 millimètres de diamètre, solidement cousue au bout d'un porte-éponge et imbibée suffisamment de la solution caustique.

Si le larynx est intéressé dans sa totalité, le pansement intra-laryngé devra se faire avec une solution moins concentrée au 1/20° ou au 1/25°. On devra du reste, par prudence, tâter la susceptibilité des malades. On arrivera assez rapidement à l'emploi d'une solution assez forte, car le larynx syphilitique est très tolérant et après avoir pratiqué un très grand nombre de pansements je n'ai pas observé un seul accident vraiment sérieux.

CONCLUSIONS

1° La laryngite syphilitique secondaire est un accident fréquent.

2° Elle se présente chez les deux cinquièmes des syphilitiques environ.

3° Elle a été longtemps considérée comme rare, parce qu'on n'examinait pas le larynx de tous les syphilitiques et à cause de l'existence de nombreux cas latents.

4° L'historique de cette affection n'existe réellement que depuis vingt ans, c'est-à-dire depuis l'application du laryngoscope à l'examen des affections laryngées.

5° Le larynx peut être intéressé dans sa totalité ou partiellement.

6° Les parties affectées sont souvent tuméfiées.

7° Cette tuméfaction n'envahit presque jamais la totalité de l'organe, elle est partielle.

8° Quand la syphilis est avancée, cette tuméfaction peut être générale; c'est alors une forme grave, intermédiaire entre la laryngite syphilitique secondaire et la tertiaire.

9° Des ulcérations, presque toujours sous forme d'érosions, reposant ordinairement sur des surfaces tuméfiées et plus rarement sur des papules très limitées, sont fréquemment observées dans la laryngite syphilitique secondaire.

10° Leur siège le plus fréquent est l'épiglotte et surtout le bord libre de cet opercule; elles sont assez étendues et de formé irrégulière.

11° Ces ulcérations peuvent quelquefois présenter une apparence très excavée, due à la saillie excessive des bords de la papule.

12° Les parties tuméfiées peuvent rester fort longtemps dans cet état, et quelquefois même les tissus s'indurent et dégénèrent d'une façon définitive. Cette terminaison est observée habituellement dans les cas graves et quand le traitement externe a été négligé.

13° La durée de l'affection, quand le traitement topique a été joint au traitement interne, est de deux semaines à deux mois et quelquefois davantage.

14° Cette durée est proportionnelle à la profondeur des lésions.

15° Les récidives sont fréquentes quand les malades ne restent pas un temps suffisant sous l'influence du traitement et si l'hygiène est mauvaise.

16° Le diagnostic est habituellement facilité par l'existence des ulcérations précitées et la concomitance presque constante de syphilides muqueuses et cutanées.

17° Le pronostic est presque toujours bénin, à moins que la tuméfaction ne soit excessive ou généralisée.

18° Le traitement doit être interne et externe. L'interne ne se distingue en rien de celui que l'on prescrit dans la syphilis secondaire. Le traitement externe consiste en applications topiques de nitrate d'argent, soit à l'état de crayon, soit à l'état de solution, du dixième au trentième.

TABLE DES MATIÈRES

PLANCHE

N° 1. — *Épiglottite.* Épaississement considérable du bord libre; rougeur intense et aspect dépouillé de la muqueuse avec fissures s'étendant à la face postérieure. Épaississement et rougeur de la région aryténoïdienne. L'épiglotte est vue, légèrement abaissée vers l'orifice du larynx; même disposition dans les figures 2, 3 et 5.

N° 2. — *Épiglottite.* Épaississement considérable, parsemé de lignes grisâtres; commencement d'exsudations, développées surtout dans les deux figures suivantes.

N° 3. — *Épiglottite.* Épaississement et exsudations jaunâtres revêtant le bord libre dans toute son étendue.

N° 4. — L'épiglotte est relevée. Épiglottite avec épaississement et exsudations un peu moins confluentes que dans la figure précédente. *Légère chordite* et un peu d'aryténoïdite.

N° 5. — Plaque muqueuse de la face antérieure et du côté droit de l'épiglotte.

N° 6. — *Laryngite généralisée avec prédominance de chordite.* Les cordes sont irrégulières, rouges, bosselées, et le contact se fait difficilement surtout à leur insertion postérieure. Elles sont parsemées d'un semis de petites taches grises et roses.

N° 7. — *Chordite* avec *plaques muqueuses* des deux cordes, qui ne peuvent s'accoler ni à leur insertion antérieure ni à leur insertion postérieure.

N° 8. — Plaque muqueuse très excavée de l'épiglotte pouvant simuler soit une ulcération tertiaire, soit une ulcération tuberculeuse.

N° 9. — Laryngite généralisée hyperplasique. Forme rare se montrant à une période avancée de la syphilis secondaire ou au début de la syphilis tertiaire.

N° 10. — Dégénérescence fibreuse d'une partie de l'épiglotte à la suite d'une épiglottite.

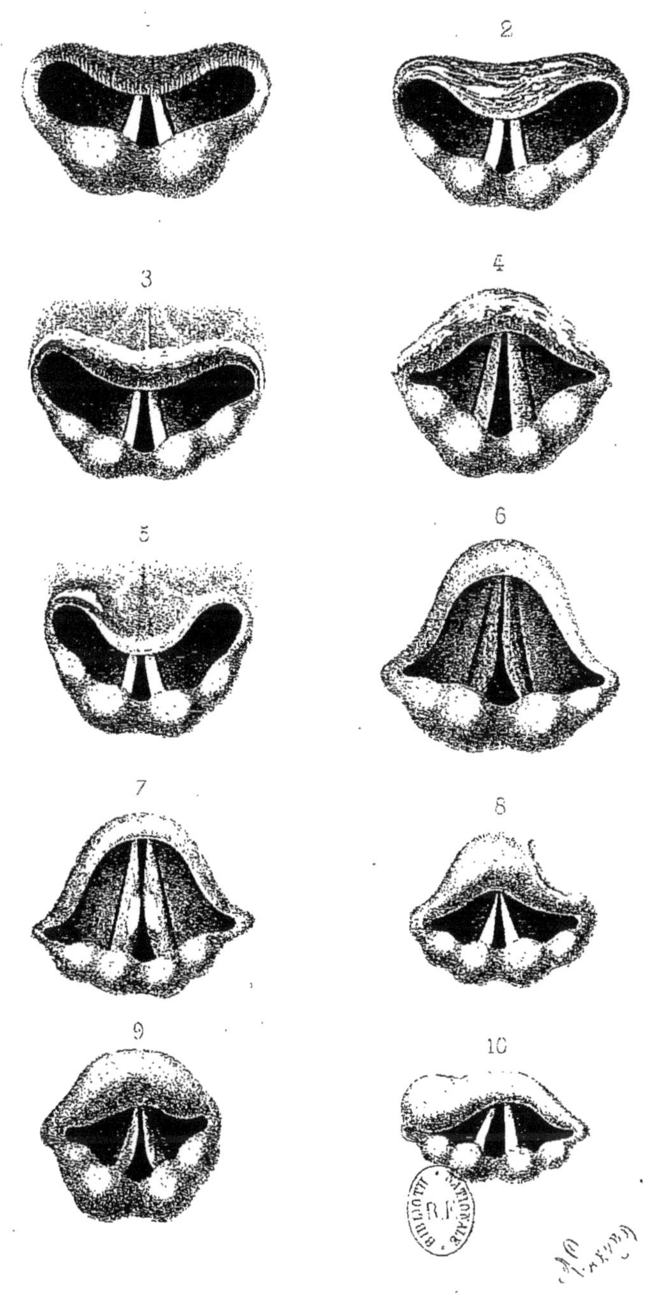

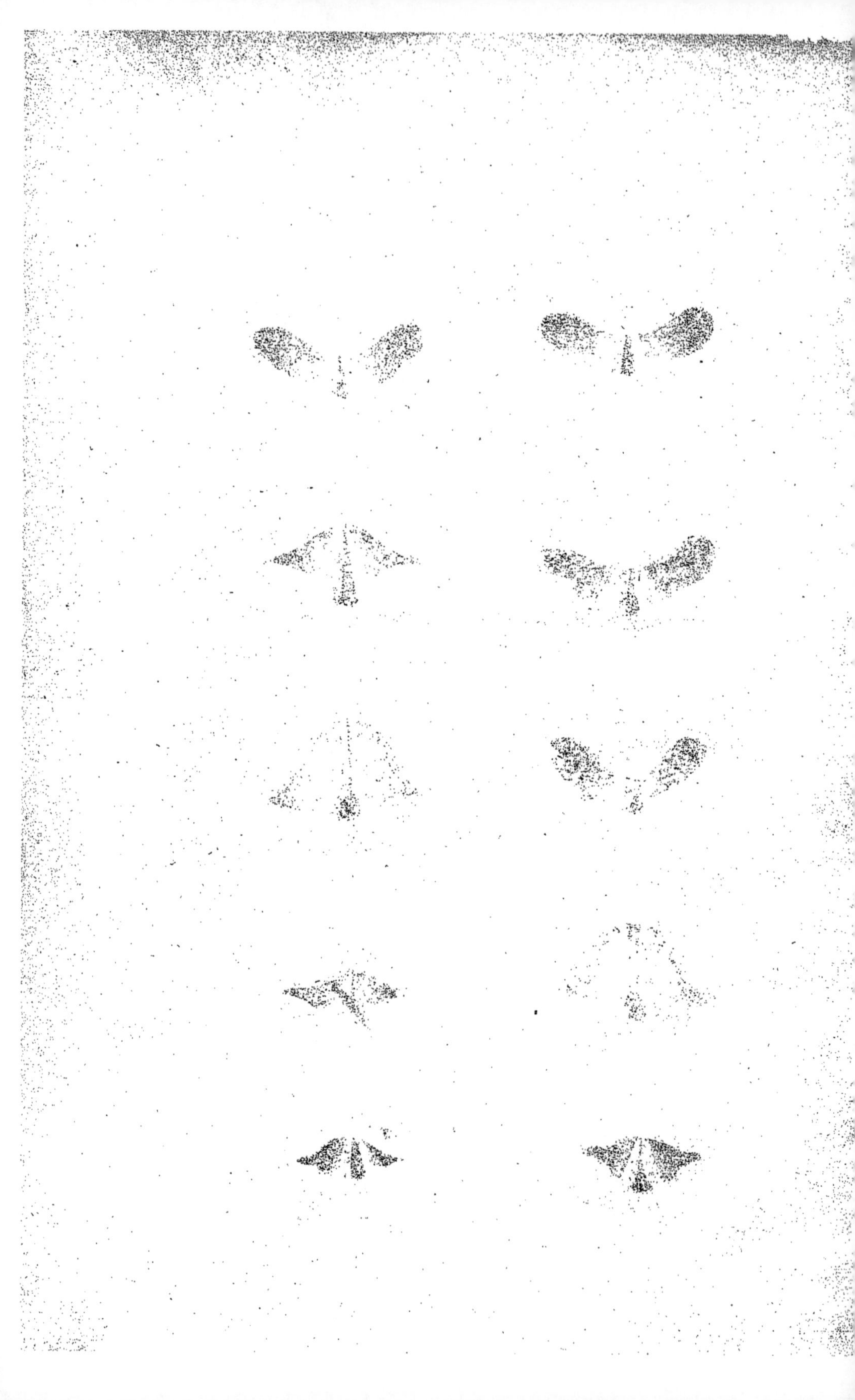

INDEX BIBLIOGRAPHIQUE

Czermak. — *Der Kehlkopf and seine werwhertung für medizin.* Leipsig, 1860.

Diday. — *Gazette de Lyon,* 1860.

Gerardt et Roth. — *Ueber syphilistische krankh. der kehlkopfes, in Wirchows archiv XXI band.* 4 Hf't, 1861.

Türck. — *Die syphilistische erkrangung des kehlkopfes, in Allgem.* Wien, med. Zeitung, 1861 et 1863.

Dance. — *Éruptions du larynx dans la syphilis.* Thèse, Paris, 1864.

Morell Mackensie. — *Reynold's system of medicine.* London, 1871.

Ferras. — *De la Syphilis laryngée.* Paris, 1872.

A. Fournier. — *Leçons sur la syphilis étudiée plus particulièrement chez la femme.* Paris, 1873.

Zeissl. — *Lehrbuch der syphilis.* Stuttgard, 1875.

E. et J. Bœckel. — *Nouveau dictionnaire de médecine et de chirurgie pratiques.* 20° vol. 1875.

Krishaber et Mauriac. — *Annales des maladies de l'oreille et du larynx.* 1875.

Isambert. — *Leçons cliniques sur les maladies du larynx.* Paris, 1876.

Martel. — *De la syphilis laryngée.* Paris, 1877.

Lennox Browne. — *A practical guide of diseases of the throat.* London, 1878.

Mac Neill-Whistler. — *Lectures on syphilis of the larynx.* London, 1879.

Jullien. — *Traité pratique des maladies vénériennes.* Paris, 1879.

Bouchereau. — *Étude sur la Laryngite syphilitique secondaire.* Paris, 1880.

Libermann. — *Communication orale,* citée par Bouchereau.

4254. — Paris. Imp. Félix MALTESTE et Cᵉ, 22, rue des Deux-Portes-Saint-Sauveur.

www.ingramcontent.com/pod-product-compliance
Ingram Content Group UK Ltd.
Pitfield, Milton Keynes, MK11 3LW, UK
UKHW020056100726
13658UKWH00004B/1788